Abiola Oyebamiji
Adegbola Oluwaseun

Avaliação Geoquímica e Económica de Alguns Campos de Pegmatitos, SW da Nigéria

AF154726

Abiola Oyebamiji
Adegbola Oluwaseun

Avaliação Geoquímica e Económica de Alguns Campos de Pegmatitos, SW da Nigéria

ScienciaScripts

This book is a translation from the original published under ISBN 978-3-330-34485-3.

Publisher:
Sciencia Scripts
is a trademark of
Dodo Books Indian Ocean Ltd. and OmniScriptum S.R.L publishing group

120 High Road, East Finchley, London, N2 9ED, United Kingdom
Str. Armeneasca 28/1, office 1, Chisinau MD-2012, Republic of Moldova, Europe
Printed at: see last page
ISBN: 978-620-7-53408-1

Uma avaliação económica de pré-viabilidade e características geoquímicas dos pegmatitos do distrito mineiro de Abuja leather, sudoeste da Nigéria.

Oyebamiji Abiola[1,2*] e Odebunmi Adegbola [3]

[1]StateKey Laboratory of Ore Deposit Geochemistry, Instituto de Geoquímica, Academia Chinesa de Ciências, Guiyang 550081, China

[2]Departamento de Ciência e Tecnologia Laboratorial, Universidade Estatal de Ekiti, Ado-Ekiti, Estado de Ekiti, Nigéria

[3]Departamento de Serviços Geológicos, Ministério do Comércio e Indústria do Estado de Ogun, Oke-Mosan, Abeokuta, Nigéria

*Autores correspondentes:

Oyebamiji Abiola

Correio eletrónico: abeylove2003@yahoo.com

Tel: +8615801533179

Agradecimentos

Esta investigação não recebeu qualquer subsídio específico de agências de financiamento dos sectores público, comercial ou sem fins lucrativos. Estamos gratos aos amigos que nos ajudaram a rever com comentários valiosos.

Declaração de conflito de interesses

Todos os autores não têm qualquer conflito de interesses

Resumo

O distrito mineiro de Abuja Leather, localizado no sudoeste da Nigéria, é o maior campo de pegmatitos da Nigéria e é conhecido por conter minerais económicos valiosos e associados a gnaisse granítico, foram estudados com vista a avaliar as suas características petrogenéticas e a avaliação económica da mineralização de metais raros Ta-Nb na área. Realizou-se um levantamento geológico sistemático, pitting, análise geoquímica e avaliação económica. Foram efectuados estudos petrológicos em algumas amostras representativas de rochas seleccionadas, que foram preparadas e estudadas para análise petrográfica. A mineralização está limitada aos pegmatitos que estão moderadamente desgastados nas zonas de prospeção e estas correntes de veios pegmatíticos são semi discordantes e contêm principalmente quartzo, muscovite, mica-plagioclase (albite) e microclina como minerais principais, enquanto a turmalina e o berilo ocorrem em quantidades subordinadas.

Trinta amostras de pegmatitos de rocha inteira e vinte amostras de moscovite extraídas dos pegmatitos foram analisadas quanto aos elementos principais e vestigiais, incluindo REES, utilizando o método analítico de espetrometria de massa com plasma indutivamente acoplado (ICP-MS), fusão de boro - espetrometria de emissão atómica com plasma indutivamente acoplado (ICP-AES) para o boro e elétrodo seletivo de iões (ISE) para o flúor no Acme Laboratory, Vancouver, Canadá. Os estudos geoquímicos indicaram que os pegmatitos e os outros tipos de rocha na área de estudo são siliciosos e peralcalinos. A análise geoquímica revelou que os pegmatitos são siliciosos e do tipo metal raro. As rochas hospedeiras são peraluminosas e do tipo S. A albite,

1

a lepidolite e a muscovite (extraídas dos pegmatitos) são significativamente enriquecidas em Li, Rb Cs, Nb e Ta em comparação com o gnaisse granítico. As amostras de rochas inteiras mostraram uma forte afinidade com os granitos de arco vulcânico e sin-colisionais com um enriquecimento LREE e uma depleção em HREE com uma forte anomalia negativa de Eu. Os pegmatitos de metais raros exibem anomalias negativas pronunciadas de Eu e ligeiramente positivas de Ce. A baixa razão K/Rb dos pegmatitos indica fração acompanhada de enriquecimento Rb e depleção Ba.

O recurso comprovado total estimado até 10,0 m de profundidade é de 65,50 toneladas de Ta2O5 a 67% de recuperação, com uma tonelagem de minério de 338.800 toneladas para o prospeto 1, o prospeto 2 tem 139,52 toneladas com tonelagem de 711.739,5 toneladas, o prospeto 3 tem 30,29 toneladas com tonelagem de 138.862,5 toneladas, o prospeto 4 tem 1,79 toneladas com tonelagem de 16.875 toneladas e o prospeto 5 tem 127,76 toneladas com tonelagem de 455.625 toneladas. As reservas prováveis de Ta2O5, Nb2O5 e SnO2 para o prospeto 1 até 20m, assumindo a constância do grau, são 131,00 toneladas, 396,11 toneladas e 306,96 toneladas, respetivamente, para o prospeto 2 são 279,05 toneladas, 858,913 toneladas e 783.08 toneladas respetivamente, para o prospeto 3 é de 60,58 toneladas, 822,16 toneladas e 697,96 toneladas respetivamente, para o prospeto 4 é de 3,59 toneladas, 8,72 toneladas e 32,55 toneladas e para o prospeto 5 é de 255,52 toneladas, 616,98 toneladas e 441,41 toneladas respetivamente. Sugere-se um método de processo adequado para maximizar a recuperação, a fim de tornar o empreendimento rentável, conforme enumerado nesta investigação. O atual sistema de recuperação, utilizando um método de planeamento simples, só pode garantir uma recuperação de 11%, o que não será económico tendo em conta a dimensão do depósito.

Palavras-chave: pegmatite, avaliação económica, geoquímica, recuperação, Nigéria.

CAPÍTULO 1

Introdução

O primeiro grande trabalho sobre os pegmatitos da Nigéria central foi publicado por Jacobson e Webb, (1946) onde estabeleceram dois episódios distintos de mineralização de estanho. No primeiro episódio, considerou-se que a mineralização de estanho estava associada a pegmatitos derivados do magmatismo granítico da idade pan-africana.

Enquanto que o segundo episódio se restringiu ao magmatismo granítico anorogénico de idade jurássica localizado no centro-norte da Nigéria. No primeiro episódio, postularam quatro fases de mineralização correspondentes à fase magmática a epimagmática, fase intermédia, fase hidrotermal e processos supergénicos. Para além de proporem dois esquemas de classificação de pegmatitos com base na mineralogia de silicatos e na distribuição regional, os autores associaram a mineralização de estanho ao grau de albitagem, que consideraram ser o único guia fiável para a intensidade da mineralização.

Jones e Hockey (1964), ao trabalharem na geologia de partes do sudoeste da Nigéria, recuperaram o que descreveram como quantidades não económicas de cassiterite, tantalite e berilo na parte inferior do rio Oyan. Outros trabalhadores como Matheis (1979, 1987) estudaram a exploração geoquímica de Sn-Nb-Ta no sudoeste da Nigéria. Matheis e Caen-Vachette (1983) estudaram os pegmatitos da zona de reativação pan-africana, abrangendo áreas como Egbe, Ijero, Wamba, etc., distinguindo entre pegmatitos estéreis e mineralizados. Matheis et. al. (1983), discutiram a geoquímica de elementos vestigiais de pegmatitos com estanho do sudoeste da Nigéria. Ajibade et. al. (1972), documentou a metalogenia das rochas do complexo basal nigeriano, incluindo os pegmatitos.

Pollard (1989) também documentou a geoquímica dos granitos associados à mineralização de tântalo e nióbio com exemplos dos complexos de anéis do norte da Nigéria.

Kinnard (1984) estabeleceu que os pegmatitos estéreis pan-africanos (Proterozoico Superior) se encontram dentro e à volta de plutões monzoníticos alcalinos calcários que são cerca de 100 Ma mais antigos do que a série paleozóica mineralizada. O seu estudo baseou-se nos estilos contrastantes de mineralização de metais raros na Nigéria no que respeita à mineralização de Sn-Nb-Ta-Zn. Outros investigadores, como Moller e Morteani (1987), Cerny (1989), Kuster (1990) e Garba (2003), contribuíram para uma melhor compreensão dos corpos pegmatíticos do sudoeste e do norte da Nigéria, distinguindo entre pegmatitos estéreis e pegmatitos contendo metais raros e documentando que os pegmatitos não estão confinados à faixa de tendência NE-SW de 400 km anteriormente proposta, que se estende da área de Wamba (perto do planalto de Jos) à área de Ilesha. Elueze et. al. (2004) documentaram as propriedades industriais dos pegmatitos de Olode-Falansa no sudoeste da Nigéria. Okunlola e Ocan (2002) estudaram o ambiente das minas de Kabba, no centro da Nigéria, para analisar o efeito esperado das actividades mineiras no ambiente. Okunlola e Oyedokun (2009) estudaram as tendências de composição e o potencial de mineralização de metais raros dos pegmatitos de Igbeti, no sudoeste da Nigéria. Okunlola e King (2003) documentaram o processo de trabalho de teste de recuperação de tantalite da área de Nasarawa, no centro da Nigéria. Outros trabalhadores incluem; Akintola et. al. (2011) e Akintola et. al. (2012) descreveram as tendências de composição e o potencial de mineralização de metais raros dos pegmatitos pré-cambrianos do distrito mineiro de Abuja leather e das áreas de Ago-Iwoye do sudoeste da

3

Nigéria.

As pedras preciosas (berilo e turmalina), a tantalite, a columbite e o estanho foram trabalhadas pela primeira vez na área de estudo por volta de 1998 e foram descobertas por mineiros artesanais informais - desde então, uma tonelagem apreciável destas pedras preciosas e metais raros foi recuperada da área, grande parte dela sem registos. Os métodos de extração são pouco ortodoxos e perigosos. As empresas mineiras da zona tentaram mecanizar o processo de extração.

Foi realizado um estudo de pré-viabilidade envolvendo a geologia, a mineralização e a avaliação económica da área do distrito mineiro de Abuja para pedras preciosas, principalmente e possivelmente metais raros (Ta-Sn-Nb), tantalite, nióbio e mineralização de estanho.

CAPÍTULO 2

Descrição da zona de estudo

A área do projeto está localizada entre a longitude 20581 15" e 3000145" e a latitude 801418^0 17^1 .
Entre as aldeias mais notáveis encontra-se o distrito mineiro de Abuja, que fica a cerca de 20 km a leste da
área de estudo. Abuja leather mining district é uma pequena aldeia na parte norte do Estado de Oyo. Situa-se
a cerca de 150 km a noroeste de Ibadan e constitui uma das comunidades da área governamental local de
Itesiwaju do Estado de Oyo. A acessibilidade na área de estudo faz-se através de estradas sazonais e caminhos
pedonais. Devido às actividades mineiras, existem também numerosos trilhos acessíveis por motociclos.

A área de estudo pertence às áreas marginais da zona climática do sudoeste da Nigéria, caracterizada por uma
temperatura média anual de 27^0 C. A estação das chuvas estende-se de abril/maio a outubro/novembro. Segue-
se geralmente um período de estação seca de novembro a abril. A vegetação da zona é a savana da Guiné.
Trata-se essencialmente de uma savana arborizada com árvores baixas e ervas moderadamente altas, exceto
ao longo dos canais dos rios, onde a vegetação é mais densa e se assemelha à da floresta tropical. A área é
predominantemente uma pediplanície, mas existem inselbergues e outras colinas em redor do distrito mineiro
de Abuja Leather, na parte oriental da área de estudo. O padrão de drenagem típico é dendrítico, com uma rede
de riachos e ribeiras sazonais. Não existe nenhum ribeiro perene na área do projeto. O principal rio é o rio
Oyan e os seus afluentes.

CAPÍTULO 3

Metodologia

O estudo foi feito, em primeiro lugar, através da realização de um levantamento geológico sistemático de toda a área numa escala de 1:50.000 mapas topográficos. Isto envolveu um mapeamento geológico geral e uma maior ou menor concentração nos veios expostos da ocorrência pegmatítica, no limite do contrato de arrendamento e nas áreas actuais de trabalho dos mineiros de informação. No final do mapeamento, um total de cinquenta (50) dos setenta e cinco (75) poços presentes foram amostrados a uma profundidade que variava entre 5-20m, 30 amostras de rocha inteira e 20 extractos de moscovite foram analisados para 60 elementos principais, vestigiais e terras raras, resultando em 3000 análises.

As amostras de rocha fresca foram recolhidas a partir de pontos de escavação e de lascamento da rocha hospedeira com uma marreta geológica. Outras ferramentas utilizadas incluem os clinómetros de bússola, para medir as orientações (strike e dip) e localizar corretamente a posição no mapa topográfico. As amostras foram claramente etiquetadas e preparadas para análise.

As rochas recolhidas para estudos petrográficos foram preparadas no Departamento de Geologia da Universidade de Ibadan. As amostras para estudos de análise elementar foram pulverizadas e peneiradas na malha de 80 mícrones e depois cerca de 10 gramas foram colocadas em envelopes limpos para análise.

Os extractos de moscovite e as amostras completas de rocha do pegmatito foram analisados quanto a elementos maiores, menores, vestigiais e terras raras utilizando o método ICP-MS no laboratório ACME, Vancouer, Canadá.

O ICP-MS é uma técnica utilizada principalmente para a determinação de concentrações vestigiais de metais. Existem três componentes principais do instrumento ICP-MS. São eles a unidade fonte (a tocha), o espetrómetro e o computador. A unidade da fonte fornece a energia necessária para gerar as linhas espectrais de emissão. O espetrómetro separa e resolve estas linhas e mede a intensidade do seu sinal. O computador permite ao analista converter o sinal numa medida numérica da concentração dos elementos analisados.

O ICP-MS baseia-se em espectros de emissão e pode efetuar análises simultâneas de muitos elementos. É digerida uma amostra de cerca de 0,5 gramas. A solução é então introduzida na tocha ICP como um aerossol aquoso. Este aerossol é então aspirado para um plasma de árgon muito quente (8.000 a 10.000^0 C). No plasma, todas as ligações químicas são quebradas e os elementos são promovidos a um estado eletronicamente excitado pelo calor, sendo depois transportados para o espetrómetro. Quando os átomos regressam ao estado fundamental no espetrómetro, é emitida luz. O comprimento de onda da luz determina o elemento, enquanto a intensidade da luz é utilizada para determinar a quantidade. A terceira parte do sistema ICP-MS é o computador e o equipamento eletrónico de interface associado. A interface entre o espetrómetro e o computador serve para converter a tensão produzida pelos fotomultiplicadores num sinal digital que pode ser processado pelo computador.

Este instrumento tem um limite de deteção de elementos muito baixo. Com calibrações lineares de mais de 4 ou 5 ordens de ampliação, as soluções são geralmente desnecessárias e os elementos principais e vestigiais podem ser determinados numa só passagem, com a duração de alguns minutos.

CAPÍTULO 4

Enquadramento geológico regional

A área do projeto pertence ao complexo basal pré-cambriano da Nigéria e ocorre na cintura de xistos de Iseyin-Oyan. As rochas pré-cambrianas da Nigéria, que ocorrem na cintura móvel pan-africana (Kennedy, 1964) a leste do Arqueano até ao início do Proterozoico do Cráton da África Ocidental, são frequentemente categorizadas em três subdivisões principais: o antigo complexo de migmatitos de gnaisse, as cinturas de xisto e a série granítica pan-africana.

A área do projeto pertence à cintura de xistos, especificamente à cintura de Iseyin Oyan. As cintas de xistos são mais proeminentes na parte ocidental e apresentam características petrológicas, estruturais e metalogénicas distintas. Recentemente, sabe-se que as faixas de xisto albergam consideráveis pegmatitos contendo metais raros (Sn, Ta, Nb) e pedras preciosas. Assim, sugere-se que a cintura de xisto alberga enormes reservas destes minerais (embora em grande parte não quantificadas). As faixas de xisto compreendem predominantemente metassedimentos de grau médio-baixo e rochas metavolcânicas máficas-ultramáticas que ocorrem em vales siclinais com tendência norte-sul. Encontram-se dobradas no gnaisse migmatítico. Considera-se que estas cinturas se restringem ao meridiano oeste 80 (Oyawoye, 1964, 1972, McCurry, 1976). No entanto, sabe-se atualmente que se estendem para leste deste meridiano (Ajibade, 1989, Emeronye, 1988; Eneh, et al., 1989, Ekwueme, et al., 1987). Até à data, foram descritos vários cinturões (Rahaman, 1992). Estes incluem Zungeru, Birnin Gwari, Kushaka, Karau, Kazaure, Wonaka, Maru, Anka, Zuru, Iseyin-Oyan, Ilesa, Jakura-Lokoja, Igara e Toto-Gadabuike (Emeronye, 1988).

Litologicamente, os metassedimentos são predominantemente de composições pelíticas e semipelíticas com fácies psamíticas subordinadas. Os principais tipos de rocha são xistos de quartzo-muscovite-biotite que se transformam lateralmente em xistos micáceos com plagioclase de grão grosseiro. Outros incluem filitos, metaconglomerados, mármores, gnaisses de silicato de cálcio, anfibolitos e meta ultramafitos. Para efeitos de descrição, as unidades litológicas comuns e principais das cinturas de xisto são agrupadas com base em relações de campo e considerações petrográficas.

CAPÍTULO 5

Enquadramento geológico da zona de estudo

A área de estudo é predominantemente revestida por gnaisse granítico e os pegmatitos ocorrem como intrusões baixas nas rochas (Fig. 1). Existem também veios de quartzo intrudindo os corpos rochosos maiores.

Granito Gneiss

Estes gnaisses são predominantes na área de estudo. São compostos principalmente de biotite, quartzo e minerais ferromagnesianos, como observado. A biotite também forma bandas, mas não são tão proeminentes como as bandas de feldspato. Os veios de quartzo intruduzem o corpo rochoso. A partir de estudos de secção fina, os minerais observados são biotite de quartzo, microclina e feldspato plagioclásio. A moscovite ocorre como minerais alongados e exibe o seu pleocroísmo caraterístico. O gnaisse granítico é foliado e a foliação é marcada pela segregação da biotite em finas bandas descontínuas com cerca de 1-2 mm de espessura, alternando com bandas mais espessas ricas em quartzo e feldspato. Embora a maior parte dos afloramentos não contenha granada, uma pequena exposição separada na parte sul da área principal de afloramento tem porfiroblastos de granada cujos tamanhos variam entre cerca de 1,5 mm e cerca de 3,00 mm de diâmetro. Ao microscópio, o foliado é definido pela orientação preferencial da biotite. Esta foliação envolve os aglomerados e os porfiroblastos de granada, sugerindo que os porfiroblastos de granada são pré-tectónicos em relação à deformação que produziu a foliação. Isto sugere que a granada é provavelmente produzida durante um episódio anterior de metamorfismo e o tecido observado pode não ser o mais antigo. Plagioclásio, biotite e granada, pequena quantidade de moscovite, estaurolite e sillimanite. Os minérios opacos e a clorite são os minerais acessórios presentes.

- **Quartzo:** ocorre como grandes grãos xenoblásticos de tamanhos variados que são frequentemente alongados paralelamente à foliação. A maioria dos grãos não apresenta sinais de deformação pós-cristalização, como sombra de deformação, sugerindo que houve recristalização completa após a última deformação.
- **Feldspato alcalino:** presente é mcirolina, ocorre como grãos sub-idioblásticos a xenoblásticos que mostram geminação cruzada típica.
- **Plagioclásio:** ocorre como grãos sub-idioblásticos a xenoblásticos e ocasionalmente como porfiroblastos com os eixos longos frequentemente concordantes em orientação com a foliação. A maioria dos grãos apresenta geminação polissintética de albite, ocasionalmente combinada com geminação de Carlsbad. Alguns dos grãos de plagioclásio foram alterados para sericite. São comuns as inclusões de quartzo.
- **Biotite:** é da variedade castanha. É fortemente plecróica, de castanho-amarelado claro a castanho-avermelhado. Os eixos longos têm orientação preferencial. Tem associação espacial com muscovita e sillmanita.
- **Garnet:** ocorre como porfiroblastos euédricos a anedrais cor-de-rosa. Alguns ocorrem como aglomerados de pequenos grãos com numerosas inclusões de quartzo, biotite e opacos. Estas inclusões não formam qualquer alinhamento (ou seja, não existe tecido interno).

- **Muscovite:** ocorre em pequenas lascas. Os eixos longos estão alinhados paralelamente à foliação definida pelo bandamento mineralógico.

- **Minérios opacos:** ocorrem como pequenos grãos xenoblásticos, enquanto a clorite forma pequenos flocos finos. A ocorrência de clorite, um mineral de baixa temperatura, pode ter sido devida ao metamorfismo retrógrado.

Pegmatitos

O padrão de distribuição dos pegmatitos graníticos de metais raros (Li, Be, Nb, Ta e Sn) na Nigéria é caracterizado por uma cintura linear distinta que se estende na direção NE-SW. Uma grande biofurcação desta cintura na parte sul estende-se para norte (Wright, 1970). A área de estudo, na qual existem muitas actividades mineiras de metais raros e pedras preciosas, não se insere na zona estabelecida. Este facto sugere que a ocorrência de pegmatitos de metais raros não está estritamente limitada à faixa descrita por Wright (1970).

Os pegmatitos na área de estudo são pouco expostos. No entanto, os resultados do mapeamento geológico sugerem que eles ocorrem em dois modos distintos: como corpos tabulares e corpos de forma irregular. Os corpos tabulares variam em tamanho, desde cerca de 2,0 cm de largura e 5,0 cm de comprimento até placas de cerca de 230 m de largura e 1,50 km de comprimento. Poucos deles são rastreáveis ao longo do ataque por uma distância de cerca de 2,50 km. Os corpos de forma irregular têm dimensões que variam de 6,0m por 10,0m a cerca de 100m por 150m. Os pegmatitos mostram uma tendência uniforme NNW-SSE e esta semelhança é tendências estruturais sugere que a colocação de pegmatitos pode ser estruturalmente controlada. O zoneamento é comum nos veios menores. Foram distinguidas duas zonas distintas. Estas são o núcleo de quartzo e a zona exterior rica em feldspato. A zonação não é discernível nos corpos maiores. No entanto, a concentração de alguns minerais em certas áreas (por exemplo, uma área contendo quartzo abundante) pode ser indicativa de zonatien em grande escala. Alguns dos filões estão dobrados, enquanto outros não estão. Isso sugere que há mais de uma geração de emplacement de pegmatitos. A primeira anterior a F1 e a segunda posterior a F1. Em geral, toda a área contém um conjunto de rochas que são constituídas por rochas típicas de pegmatitos e seus equivalentes de granulação fina. Essas observações, combinadas com variações textuais e diferenças na mineralogia, permitem a classificação do pegmatito na área de estudo em quatro tipos diferentes:

(a) Tipo de feldspato alcalino

(b) Tipo de granito gráfico

(c) Tipo muscovite-turmalina de quartzo-albite

(d) Tipo de granulado fino sacaróideal albite-muscovite-turmalina-garnet.

- Tipo de feldspato alcalino

O tipo de feldspato alcalino e o tipo de granito gráfico ocorrem como xenólitos dentro do tipo quartzo-albita-muscovita-tijolo. Esta relação estrutural sugere múltiplas intrusões em que corpos anteriores foram intrudidos e brechados e agora existem como zenólitos dentro dos tipos de pegmatitos mais jovens. A observação noutras partes do sudoeste e noutras partes da Nigéria e em todo o mundo sugere que esta parece ser uma associação comum. No entanto, esses tipos de pegmatitos foram interpretados como pertencentes a diferentes estágios de cristalização do mesmo fundido pegmatítico (Emofurieta, 1977; Metheis et al., 1879; Cerny e Meintzer, 1988

9

e Breaks et al., 1999).

O tipo de pegmatite de feldspato alcalino ocorre na parte ocidental da área de estudo. Ocorre principalmente como xenólitos dentro de quartzo do tipo abbita-muscovita-turmalina. Esta relação sugere que o tipo de feldspato alcalino é uma das primeiras fases do ciclo do pegmatito. Os xenólitos são corpos de forma retangular a irregular. Os maiores têm até 80 cm x 40 cm e os mais pequenos cerca de 10 cm x 12 cm. A rocha é de cor rosa e é composta principalmente por grãos muito grandes de feldspato e grãos mais pequenos de quartzo, granada, moscovite e ocasionalmente berilo. Nas amostras estudadas, o feldspato apresenta numerosas fases de albite exsolvidas do tipo string visíveis, o que lhe confere uma textura grosseiramente pterítica distinta. O quartzo ocorre como grãos distintos incorporados no feldspato. É incolor com tamanho médio de grão de 3,0 mm. A granada castanha avermelhada ocorre como cristais euédricos. Este tipo de pegmatite contém pequenos flocos de moscovite orientados de forma aleatória. Dois tipos de moscovite podem ser distinguidos com base na sua cor. Trata-se da variedade verde-clara e da variedade branca incolor. Nenhuma rocha contém ambas as variedades. As observações de campo indicam que o berilo, sob a forma de cristais euédricos com contornos hexagonais, ocorre apenas na pegmatite que contém moscovite branca. Os cristais de berilo têm uma coloração verde-maçã pálida e têm até 1,50 cm de diâmetro.

Foram feitas várias secções finas desta variedade de pegmatite para estudo petrográfico. Devido às grandes dimensões dos grãos de feldspato na rocha, qualquer secção fina mostraria apenas uma pequena parte de um determinado grão. O estudo das secções finas só foi, portanto, útil para determinar a natureza do feldspato presente e a sua textura interna. O estudo microscópico confirmou a observação no terreno e nas amostras de mão de que o feldspato é uma microclina patética. Os pertitos são manchas de fases exsolvidas de plagioclásio sódico. As manchas mostram a caraterística geminação polissintética da albite. A microclina apresenta a caraterística geminação cruzada. O pegmatito de feldspato alcalino em blocos foi interpretado como uma zona e/ou parte do componente interno dos pegmatitos. Blocos de até um metro quadrado foram mapeados para alguns pegmatitos no noroeste de Ontário, Canadá, por Breaks et al., (1999). Em termos de mineração, uma pequena quantidade de berilo é encontrada em unidades semelhantes de feldspato alcalino em blocos dos pegmatitos contendo lítio da área de Buck e Pegli. Sudeste de Manitoba, Canadá (Cerny e Lenton, 1995).

- Tipo de granito gráfico

O tipo de granito gráfico ocorre em toda a área de estudo como blocos angulares com contornos rectangulares e como corpos de forma irregular encerrados no tipo de turmalina muscovite quartzo-albite. Isto implica que é mais antigo do que o pegmatito de turmalina muscovite quatz-albite. No entanto, não é claro se o tipo de pegmatite de feldspato alcalino é anterior ou posterior ao granito gráfico, uma vez que os dois tipos texturais não foram observados num único afloramento. A rocha é cinzenta clara e a textura mais evidente é o intercrescimento inicial de feldspato e quartzo. Estes dois minerais constituem a maior parte da rocha. O feldspato é o mineral dominante e a sua cor varia entre o branco cremoso e o rosa pálido. O quartzo apresenta-se sob a forma de grãos irregulares entrelaçados com o feldspato. É incolor a branco leitoso. Para além destes dois minerais, estão também presentes a moscovite, a granada e a turmalina. A granada apresenta-se sob a forma de pequenos cristais euédricos castanho-avermelhados. Duas variedades de moscovite reconhecidas com base na sua cor no tipo de pegmatite de feldspato alcalino estão também presentes aqui. Os pegmatitos

10

com moscovite verde contêm ocasionalmente turmalina negra. A turmalina ocorre como pequenos cristais euédricos de 2,0 a 3,0 mm de diâmetro. O comprimento não pôde ser medido devido à posição vertical e oblíqua dos cristais. Ao microscópio, a textura mais óbvia observada é o entrecruzamento de filamentos de quartzo com feldspato. O feldspato é microclino com características de geminação cruzada. Contém abundantes inclusões de plagioclásio. É caracterizado pela geminação polissintética de albite. O teor de anortita determinado nas lamelas geminadas de albite mostra que se trata de um plagioclásio sódico (An18). Os grãos de muscovite ocorrem principalmente como pequenos flocos nos veios de quartzo. Este facto sugere que a moscovite é um mineral tardio. A granada ocorre em grãos euédricos de pinta. A turmalina apresenta-se em grãos subédricos. É a variedade verde e é fortemente pleocróica, de verde claro a verde azulado. Para além do intercrescimento de cordões, o quartzo também ocorre como veios que atravessam a microclina.

- Tipo quartzo-albita-muscovite-turmalina

Este tipo de pegmatite pode ser dividido em dois subtipos com base no tamanho do grão. Trata-se do subtipo de grão grosseiro e do subtipo de grão muito grosseiro.

(c1)   Quartzo de grão grosseiro, albite muscovite turmalina subtipo

Este subtipo de pegmatite é de grão grosseiro e a sua textura assemelha-se a um granito pegmatítico de grão muito grosseiro. A cor da rocha é verde pálido a branco opaco. Ocorre principalmente na parte ocidental da área de estudo. Contém frequentemente xenólitos de outros tipos de pegmatitos. No entanto, também ocorre como corpos tabulares com pouca ou nenhuma inclusão de outros tipos de pegmatitos. Estes normalmente têm contactos nítidos e discordantes com a foliação da rocha hospedeira. Mineralogicamente, este tipo de pegmatite é constituído por quartzo, feldspato, moscovite, granada, turmalina e berilo. O quartzo apresenta-se sob a forma de grãos anédricos irregulares. É incolor a branco leitoso. O feldspato é de cor branca cremosa ou amarelada. Estão presentes os dois tipos de moscovite anteriormente descritos. O berilo ocorre ocasionalmente apenas na variedade de pegmatite que contém moscovite branca. Os cristais de berilo são de cor verde, de contorno hexagonal, com um diâmetro até cerca de 1,5 cm. O comprimento não pôde ser medido porque os cristais estão todos em posições verticais/oblíquas na rocha. A granada ocorre em cristais castanho-avermelhados. Este subtipo de pegmatite é trabalhado pela granada de qualidade de gema que contém. Ao microscópio, a rocha é de grão grosso e de textura granular. Os seguintes minerais foram observados nas secções finas estudadas: quartzo, plagioclásio, muscovite, granada e turmalina. Embora de textura grosseira, o subtipo pegmatito carece de feldspato alcalino. O quartzo apresenta-se em grãos anédricos. Alguns dos grãos têm margens estuturadas e extinção ondulada. Estas observações sugerem que estes pegmatitos foram afectados pelo episódio D5 de deformação que afectou a área. A plagioclase ocorre como grandes grãos anédricos com a caraterística geminação polissintética de albita. Muitos dos grãos têm lamelas gémeas dobradas e extinção de undulose. Estes também sugerem deformação pós-cristalização. O teor de anortita determinado nas lamelas gémeas de albite sugere que se trata de um plagioclásio sódico. A muscovite ocorre como ripas/flocos orientados aleatoriamente. A granada forma pequenos grãos euédricos. A turmalina apresenta-se sob a forma de cristais subédricos. É verde em secção fina e é fortemente pleocróica de verde a verde azulado. Os grãos apresentam fracturas oblíquas aos eixos longos dos grãos.

(c2)   Subtipo quartzo-albite-muscovite-turmalina de granulação muito grosseira

11

Este é o tipo de pegmatito mais abundante na área de estudo. Ocorre em toda a parte ocidental da área de estudo, aflorando principalmente como corpos tabulares. A textura é muito grosseira, com os minerais constituintes formando agregados entrelaçados. A sua cor é branca a cinzenta clara. Mineralogicamente, é composto por quartzo, feldspato, muscovite, turmalina, berilo e granada. O quartzo apresenta-se sob a forma de grãos anédricos incolores a branco leitoso. A cor do feldspato varia do branco ao cinzento. Os grãos apresentam-se como cristais anédricos. A moscovite ocorre sob a forma de livros com dimensões até 8 cm por 10 cm. As duas variedades de moscovite anteriormente reconhecidas também estão presentes. São comuns os cristais maiores de turmalina preta com diâmetros até 5 cm. Também estão presentes cristais de berilo verde. Estão presentes cristais anédricos e euédricos. Os diâmetros dos cristais euédricos chegam a atingir 2,5 cm. Ao microscópio, os minerais constituintes formam agregados de ripas entrelaçadas. Quartzo, plagioclásio, muscovite, granada, turmalina e minérios opacos opacos são os minerais constituintes deste subtipo de pegmatite. O quartzo ocorre em grandes grãos anédricos. Estes são ocasionalmente atravessados por fracturas cicatrizadas. A plagioclase ocorre em grãos subédricos. Caracteriza-se por geminação polissintética de albite. A dobragem de lamelas gémeas e a extinção ondulante são comuns. Estes são indicativos de deformação pós-cristalização. A determinação do teor de anortita nas lamelas gémeas de albite utilizando o ângulo de extinção mostra que se trata de um plagioclásio sódico (An13). A alteração para sericite é comum. A moscovite ocorre como ripas com orientação aleatória. A biotite acastanhada difusa ocorre ao longo dos seus traços de clivagem. Esta é a única evidência da ocorrência de biotite nos pegmatitos da área de estudo. A granada forma aglomerados de grãos. Alguns dos grãos são euédricos. Fracturas e inclusões de quartzo estão presentes em alguns deles. A turmalina verde fortemente pleocróica ocorre como cristais subédricos. Os minérios opacos apresentam-se como grãos anédricos. A maioria dos grãos presentes nas secções finas estudadas tem uma fina coroa arroxeada. Este facto sugere que os minerais já se encontram em processo de alteração para outros minerais. Não foi possível identificar os minerais opacos com a ajuda do microscópio de luz transmitida utilizado na investigação.

- Rocha albita-turmalina- granada sacaroide de grão fino

Este tipo de rocha, embora não tenha textura pegmatítica, ocorre em estreita associação com outros tipos de pegmatitos. Por isso, é descrito juntamente com os pegmatitos. No entanto, está restrito à parte ocidental da área de estudo. Outros tipos de pegmatitos ocorrem como inclusões dentro dele. Isto sugere que é provavelmente a última rocha do conjunto de pegmatitos a intrudir. A rocha é branca, de granulação fina e textura granular (sacaroide). O tipo mais comum é composto por feldspato, granada, turmalina e muscovite e, ocasionalmente, berilo. Um subtipo desta rocha é composto por quartzo, feldspato e lepidolite. A presença de lepidolite confere a esta rocha uma cor púrpura. O feldspato presente é branco e forma cristais anédricos de alguns milímetros de diâmetro. A granada apresenta-se como cristais euédricos castanho-avermelhados com cerca de 1,5 mm de diâmetro. São comuns na rocha manchas de turmalina negra e de muscovite. A lepidolita, quando presente, apresenta-se como pequenos flocos roxos. O berilo apresenta-se como cristais subédricos verdes com cerca de 2,0 cm de comprimento e 3,0 mm de largura. Ao microscópio, a textura é essencialmente equi-granular. O alinhamento dos eixos longos da maior parte dos minerais presentes é grosseiro. Os seguintes minerais foram reconhecidos nas secções finas estudadas: plagioclásio, moscovite, granada e turmalina. A plagioclase ocorre como grãos subédricos com geminação polissintética caraterística de albita. A determinação do teor de anortite nas lamelas geminadas de albite sugere que se trata de um plagioclase sódico (An13). A moscovite ocorre como pequenos flocos com os seus eixos longos alinhados paralelamente aos da plagioclase, o que confere à rocha a foliação observada. São comuns pequenos grãos euédricos distintos de granada. Alguns dos grãos contêm inclusões de turmalina anédrica. Em secção fina, a turmalina apresenta-se como grãos subédricos de cor verde profunda. É fortemente pleocróica, de verde a azul acastanhado. A origem deste tipo de pegmatite tem sido controversa. Tem sido largamente interpretado como unidade metassomática secundária em pegmatitos de metais raros (Matheis, et. al., 1979). No entanto, trabalhos experimentais de London et. al. (1989) mostraram que este pegmatito é primário, ou seja, cristalizou-se a partir do mesmo derretimento do qual outros tipos de pegmatito foram derivados. Os trabalhadores das duas linhas de proposição acreditam que o pegmatito de albita sacaroide de granulação fina é essencialmente uma zona do tipo complexo de pegmatito de metais raros e não uma unidade rochosa separada (Jacobson e Webb, 1946; Cerny, 1991b e Breaks et al., 1999). As rochas de grão fino do distrito mineiro de Abuja leather não se restringem a nenhuma zona discernível, mas ocorrem como unidades intrusivas em todos os tipos de pegmatitos presentes. Este facto sugere provavelmente que as rochas não são de origem metassomática, mas cristalizaram a partir do magma.

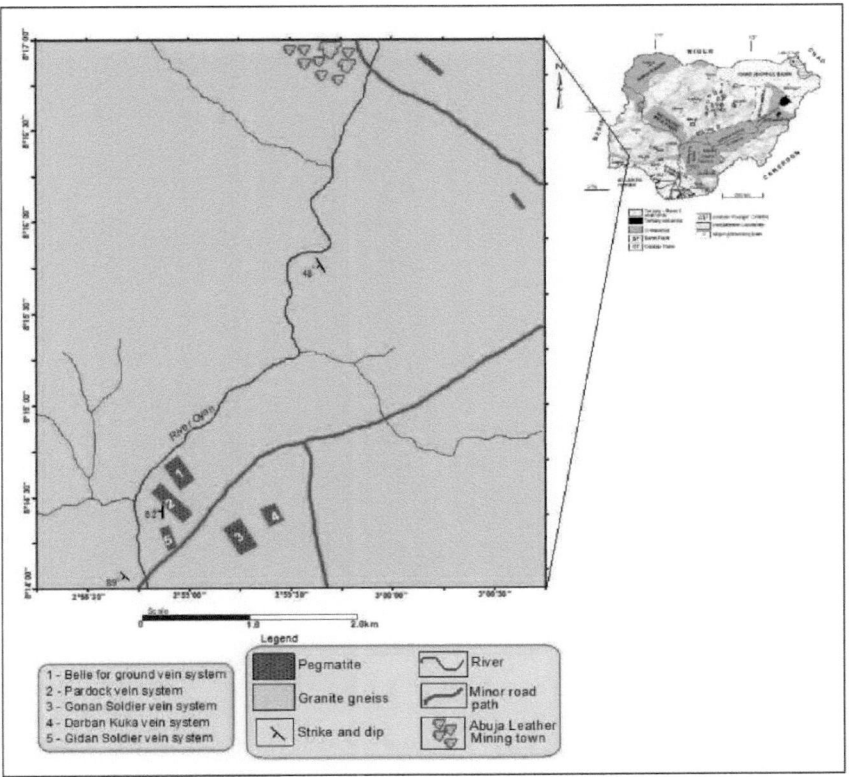

Figura 1: Mapa geológico da área de estudo mostrando os fluxos de veios de pegmatito.

13

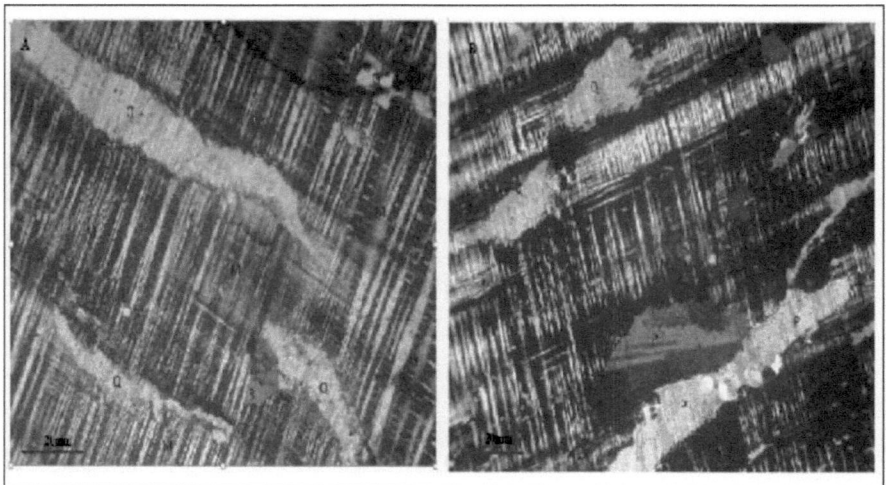

Figura 2: **(A) Fotomicrografia** de pegmatite à luz transmitida mostrando microclina (M), quartzo (Q), biotite (B), **(B)** Fotomicrografia de pegmatite à luz transmitida mostrando microclina (M), moscovite (MU), plagioclase (P) e quartzo (Q).

CAPÍTULO 6

Resultados e discussão

A análise geoquímica da rocha inteira e dos extractos de moscovite foi realizada nos laboratórios ACME, Vancouver, Canadá, utilizando o método ICP-MS.

Os resultados analíticos são apresentados nas tabelas 1 e 2 abaixo. KM1-KM30 representam as amostras de rocha inteira, enquanto KM31-KM50 representam extractos de moscovite dos cinco sistemas de veios identificados na área de estudo. Os valores analíticos do enriquecimento de Ta2O5, Nb2 O5 e SnO2 foram utilizados na estimativa da reserva.

Tabela 1: Gama e valores médios dos elementos principais na rocha inteira e nos extractos de moscovite dos pegmatitos do distrito mineiro de Abuja leather em fração mássica (wt %)

Oxides	Whole Rock Pegmatite N=30		Muscovite Extracts N=20	
	Range	Average (%)	Range	Average (%)
SiO2	46.14-76.71	62.47	45.28-57.50	48.34
Al2O3	11.92-28.75	21.06	23.12-34.25	30.72
Fe2O3	0.47-10.26	4.07	0.27-5.83	3.34
MnO	0.023-2.310	0.72	0.09-0.28	0.15
MgO	0.01-3.19	0.61	0.06-1.40	0.39
CaO	0.04-0.75	0.31	0.01-0.04	0.02
Na2O	0.16-9.92	4.50	0.36-1.45	0.76
K2O	0.11-11.28	2.70	9.26-10.36	9.85
TiO2	0.015-1.096	0.21	0.03-1.26	0.40
P2O5	0.02-0.48	0.09	0.01-0.02	0.01

Tabela 2: Intervalo e média de alguns dos oligoelementos nos extractos de rocha inteira e de moscovite dos pegmatitos do distrito mineiro de Abuja leather (ppm)

Elements	Whole Rock Pegmatite N=30		Muscovite Extracts N=20	
	Range	Average (ppm)	Range (ppm	Average (ppm)
Ta	9.9-500	183.22	30.6-428.9	152.44
Cs	14.4-1798	335.92	42.5-2932	873.2
Rb	24-10000	1425	1850-10000	4801.9
Sn	1-150	14.75	21-633	267.8

15

Nb	22.3-1120	361.19	105.4-1417	500.84
Sr	3-34	14.22	0.6-70	2.85
Y	0.8-177	33.09	0.1-6.5	2.6
Ba	5-213	49.5	1-327	75.0
Hf	0.3-164	16.75	0.1-2.1	0.83
Th	0.6-436	44.76	0.2-7.8	1.74
W	0.5-166	122	5.9-12.3	8.2
Be	4-948	126.6	6-29	9.9
Zr	7-488.8	127.1	2.0-47.6	13.84
Ga	6-163	78.56	120.9-342.4	197.12
Zn	30-2070	474.1	23-56	34.5
Ti	0.1-34.9	7.67	1.1-70.3	14.36

CAPÍTULO 7

Características geoquímicas e potencial de mineralização dos pegmatitos

Os resultados analíticos dos elementos principais, apresentados nos quadros 1, mostram que as amostras dos pegmatitos do distrito mineiro de Abuja leather são siliciosas, com um teor de SiO_2 que varia entre 46,14 e 76,71%, com uma média de 62,47% nas amostras de pegmatitos de rocha inteira do distrito mineiro de Abuja leather, enquanto varia entre 45,28 e 57,50%, com um valor médio de 48,34% nas amostras de extractos de moscovite do distrito mineiro de Abuja leather. O Al_2O_3 varia entre 11,92-28,75% com uma média de 21,06% nas amostras de pegmatite de rocha inteira do distrito mineiro de Abuja, enquanto varia entre 23,12-34,25% com um valor médio de 30,72% nas amostras de extractos de moscovite da área de estudo do distrito mineiro de Abuja. Este contraste ligeiro a acentuado nos valores de algumas das amostras de rochas inteiras e extractos de moscovite para o teor de alumina desta área de estudo, para além de outras características de metais raros, confirma a complexidade do tipo de pegmatite. Além disso, o Fe_2O_3 varia de 0,47 a 10,26% com um valor médio de 4,07% nas amostras de pegmatitos de rocha inteira, enquanto também varia de 0,27 a 5,83% com um valor médio de 3,34% na amostra de extractos de moscovite da área de estudo do distrito mineiro de Abuja. Estes valores são comparáveis aos observados nos pegmatitos mineralizados da Nigéria. Os teores médios dos principais óxidos MnO (0,72%, 0,15%), MgO (0,61%, 0,39%), CaO (0,31%, 0,02%), Na_2O (4,50%, 0,76%), K_2O (2,70%, 9,85%), TiO_2 (0,21%, 0,40%) P_2O_5 (0,09%, 0.01%) para as amostras de rocha inteira e extractos de moscovite dos pegmatitos do distrito mineiro de Abuja, respetivamente, compara-se favoravelmente com os pegmatitos contendo metais raros das áreas de Isanlu Egbe, Lema-Ndeji, na Nigéria central, e Igbeti. Os dados de elementos vestigiais e de terras raras (Tabelas 2) mostram que os pegmatitos são ricos em metais raros, com valores moderadamente elevados de Ta, Nb, Sn, Rb e Cs. Com valores de tântalo variando de (9.9-500ppm; 30.6- 428.9ppm), nióbio (22.3-1120ppm; 105.4-1417ppm), estanho (1-150ppm; 21-633ppm), rubídio (22.3-1120ppm; 105.4-1417ppm), estanho (1-150ppm; 21-633ppm), rubídio (24-10000ppm); 185010000ppm) e césio (14,4-1798ppm; 42,5-2932ppm), para as amostras de rocha inteira e extractos de moscovite dos pegmatitos do distrito mineiro de Abuja leather, respetivamente. Os valores de Ta e Nb na rocha inteira e nos extractos de mica são comparáveis aos dos campos mais ricos em Ta-Nb de Nasarawa-Keffi e Kushaka da Nigéria, respetivamente.

Os valores médios de Be (126,6ppm, 9,9ppm), Ga (78,56ppm, 197,12ppm), W (12,2ppm, 8,2ppm), Sr (14,22ppm, 2,85ppm), Zr (127,1ppm, 13,84ppm), Ba (49,5ppm, 75.0ppm) e Y (33,09ppm, 2,6ppm) são os indicados para as amostras de rocha inteira do distrito mineiro de Abuja leather mining district e amostras de pegmatitos de extractos de moscovite, respetivamente. Os valores comparam-se favoravelmente com os pegmatitos mineralizados de Harding, Estados Unidos; Silver Leaf, Canadá e Homestead, Canadá. (Moller e Morteani, 1987). Usando os gráficos K/Rb versus Cs (fig. 3), os pegmatitos na área do distrito mineiro de Abuja leather são portadores de metais raros. Os baixos valores de Mg, Ti, Ba e Zr, com uma composição elevada de Rb e Cs, indicam um elevado fracionamento dos pegmatitos, enquanto os valores moderadamente elevados de Cs dos pegmatitos do distrito mineiro de Abuja leather indicam um fracionamento moderadamente elevado de metais alcalinos (Reyf et al., 2000; Schmitt et al., 2002; Badanina et al., 2004; Linnen e Cuney, 2005; Salvi e Williams-Jones, 2005; Cerny et al., 2005, 2012). Há um claro enriquecimento de Nb, Ta, Rb,

Sn, Cs, Rb e empobrecimento de Se, Co, o que também sugere a mineralização do metal raro columbo- tantalita (fig. 4 e 5). As amostras têm também um teor relativamente mais elevado de Ta nas amostras de rocha inteira do que nos extractos de mica, o que mostra que os pegmatitos na área do distrito mineiro de Abuja Leather são adequadamente enriquecidos em tantalite. Os rácios K/Rb dos pegmatitos da área de estudo do distrito mineiro de Abuja leather são baixos e, de acordo com Kuster (1990), isto indica fracionamento progressivo e possível mineralização. As amostras também apresentam rácios baixos de K/Cs. Th/U, e K/Ba, o que é típico de pegmatitos mineralizados. Além disso, a evidência de possível metassomatismo envolvido no processo de mineralização é vista na presença de albita sacaroide, unidades micáceas e turmalinização. O gráfico do diagrama de variação de Na2O/Al2O3 versus K2O/Al2O3 revela a ascendência ígnea do pegmatito, que se situa no campo granito-ígneo de Garrells e Mackezie, indicando e sugerindo assim uma ascendência granito-ígnea para os pegmatitos do distrito mineiro de Abuja (fig. 6). O grau de albitização é revelado pelo gráfico discriminante triangular T -Sn- (Nb+Ta) que se situa na zona de albitização dos pegmatitos do distrito mineiro de Abuja leather (fig. 7). Este gráfico também revela um elevado grau de albitização e indica uma diferença significativa entre as amostras de pegmatitos mineralizados e não mineralizados. Os gráficos de variação K/Rb versus Rb para as amostras de pegmatitos de rocha inteira do distrito mineiro de Abuja leather e as amostras de extrato de moscovite revelam uma tendência consistente, indicando que a mineralização nos pegmatitos desta área de estudo é moderadamente elevada. Estes gráficos também mostram um padrão de distribuição conspícuo de separação no pegmatito do distrito mineiro de Abuja leather ao longo da tendência de diferenciação do pegmatito na área de estudo. Os pegmatitos mostram uma alta diferenciação e plotagem dentro do campo de mineralização. Os gráficos de variação de Ta versus Cs, Ta versus Rb, Ta versus (Cs+Rb), Ta versus K/Cs e Ta/W versus Cs confirmam estas tendências (fig. 8, 9, 10, 11 e 12). Estes gráficos também mostram que as amostras de rocha inteira e as amostras de extractos de moscovite dos pegmatitos do distrito mineiro de Abuja leather estão sobre a linha mineralizada de Beus, (1966) e Gordiyenko, (1971). O pegmatito do distrito mineiro de Abuja leather é um pegmatito complexo da classe dos elementos raros e apresenta características típicas da família do lítio, césio e tantalite (LTC). Para além do teor típico de elementos menores de Li, Rb, Cs, Ga, Sn, Ta< > N, (B, P, F), o seu carácter silicioso e aluminoso (A/CNK>1) (onde A: Al2O3, CNK: CaO +Na2O +K2O) apoia esta afirmação. Os pegmatitos LCT, como neste estudo, também são conhecidos por conter mineralização moderada a abundante de Ta-Nb, pedras preciosas e minerais industriais. No entanto, o gráfico Rb/Y+Nb mostra que os pegmatitos se situam no campo do Granito da Crista Oceânica, WPG - Within-Plate Granite, SCG - Syn-Collisional Granite (fig. 13). Enquanto que o gráfico Zr versus SiO2 (fig. 14) revela a sua ascendência mista, com algumas amostras a traçarem-se completamente fora do campo magmático "m". A espessura da crosta durante a colocação destes corpos de pegmatitos atingiu cerca de 30 km, como mostra o gráfico Rb/Sr. Os gráficos de condritos normalizados e do manto primitivo (fig. 15 e 16) dos elementos de terras raras mostram valores elevados de REE leves (LREE) (La, Ce, Pr) e baixos de REE pesados (HREE) Er, Lu, Yb). Existe uma extensa assinatura negativa de európio (Eu) e a dobragem é dominante. Isto é especialmente caraterístico dos pegmatitos LCT com elevado fracionamento concomitante, o que sugere que, quando existe uma assinatura Ce negativa fraca e uma assinatura Eu negativa forte, como neste caso das amostras de pegmatitos do distrito mineiro de Abuja leather, é uma evidência de fracionamento

18

e metassomatismo consideráveis. Além disso, Piper, (1974) acredita que a assinatura Ce negativa de pegmatitos de metais raros indica uma condição oxidante durante a mineralização e a interação entre fluidos magmáticos, fluidos de fusão e rochas hospedeiras a longa distância.

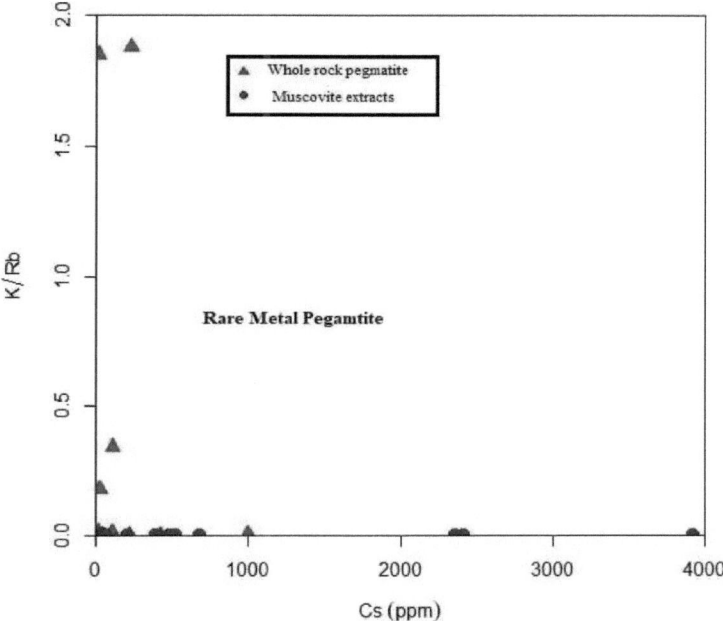

Fig. 3: Gráfico de K/Rb vs Cs para o pegmatito do distrito mineiro de Abuja leather (Cerny, 1982)

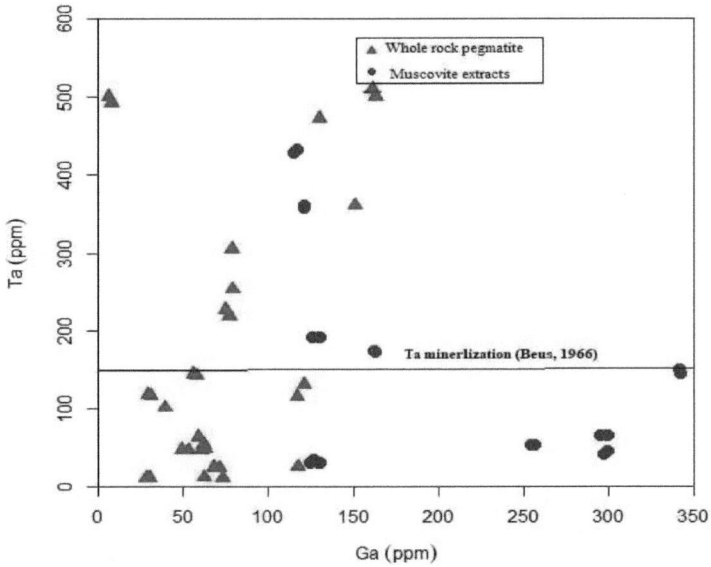

Fig. 4: Gráfico de Ta vs Ga para o pegmatito do distrito mineiro de Abuja leather.

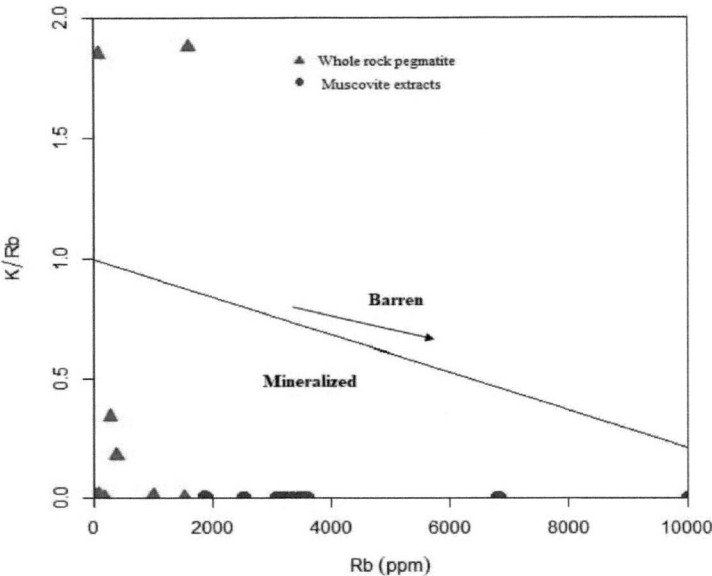

Fig. 5: Padrão de distribuição de K/Rb vs Rb nos extractos de moscovite do pegmatite do distrito mineiro de Abuja leather. A seta indica a tendência de diferenciação normal, segundo Staurov et al., (1969).

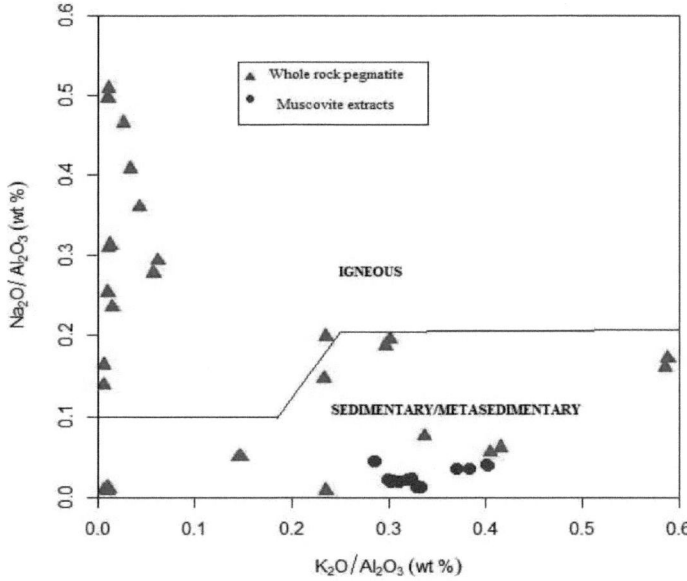

Fig. 6: Gráfico de Na2O/Al2O3 vs K2O/Al2O3 (wt. %) mostrando o diagrama de variação para o campo de rochas ígneas e metassedimentares dos pegmatitos do distrito mineiro de Abuja (Garrels e Mackenzie, 1971).

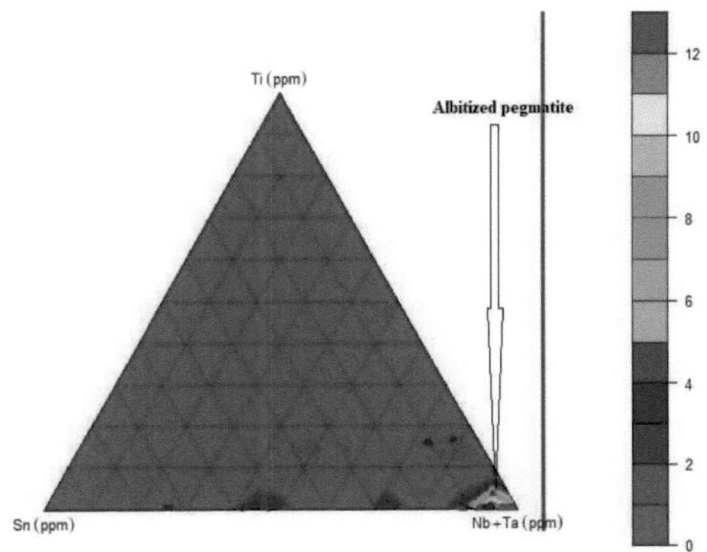

Fig. 7: Traçado triangular Ti-Sn-(Nb+Ta) para os pegmatitos do distrito mineiro de Abuja leather (Kuster, 1990)

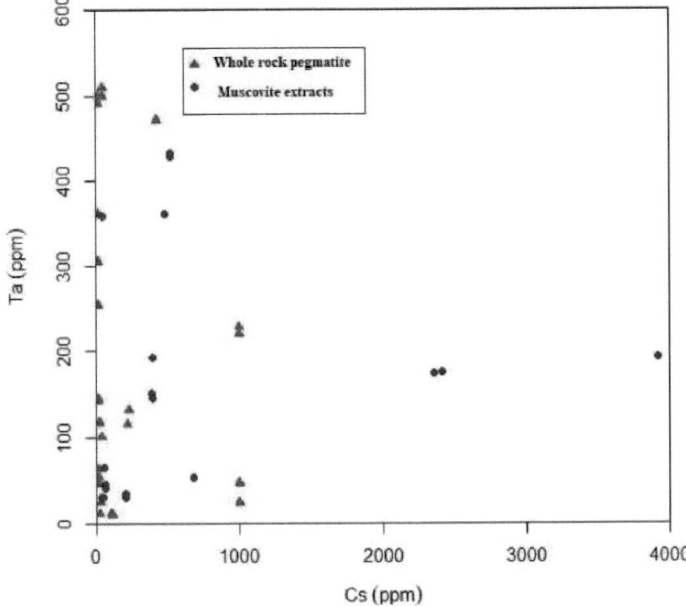

Fig. 8: Gráfico de Ta vs Cs para os pegmatitos da área de estudo do distrito mineiro de Abuja leather (Moller e Morteani, 1987).

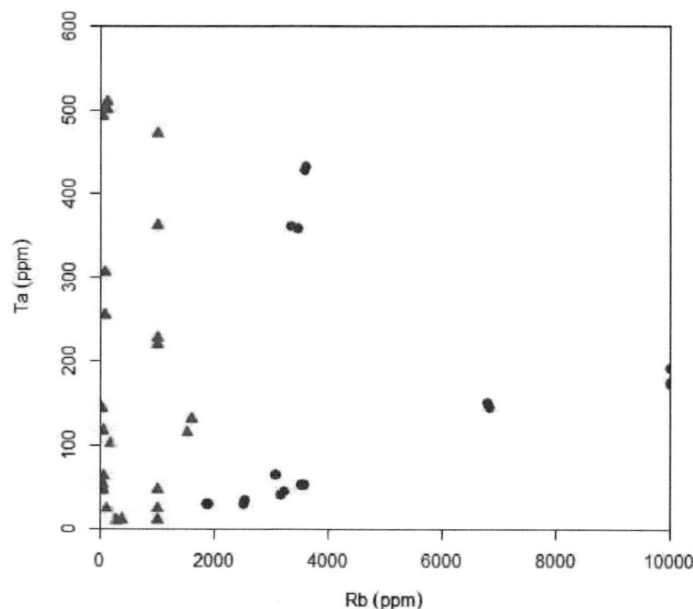

Fig. 9: Gráfico de Ta vs Rb para os pegmatitos da área de estudo do distrito mineiro de Abuja leather (Moller e Morteani, 1987).

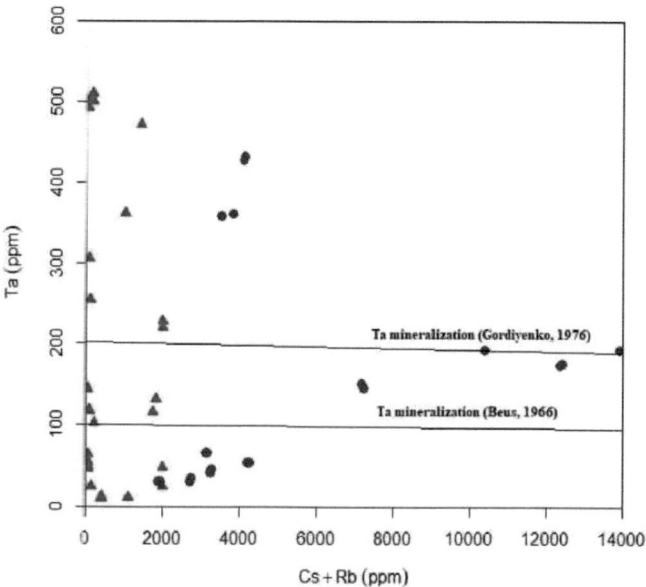

Fig. 10: Gráfico de Ta vs Cs+Rb para os pegmatitos da área de estudo do distrito mineiro de Abuja leather (Gaupp et al., 1984).

22

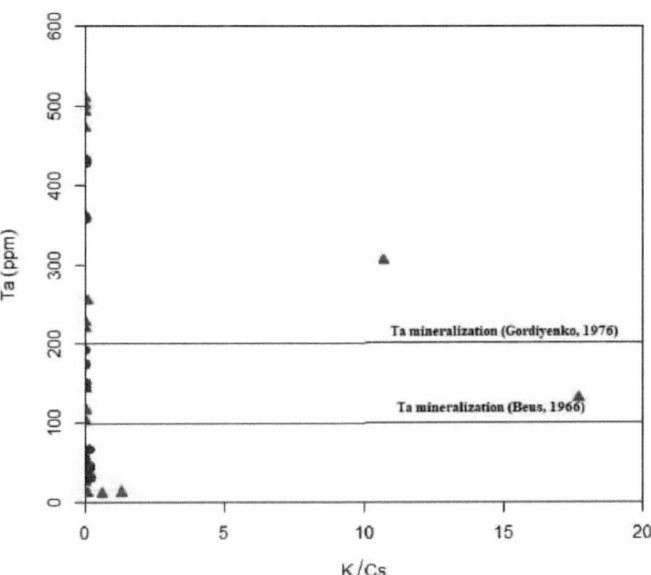

Fig. 11: Gráfico do rácio Ta vs K/Cs para os pegmatitos da área de estudo do distrito mineiro de Abuja leather (Gordiyenko, 1971 e Beus, 1966).

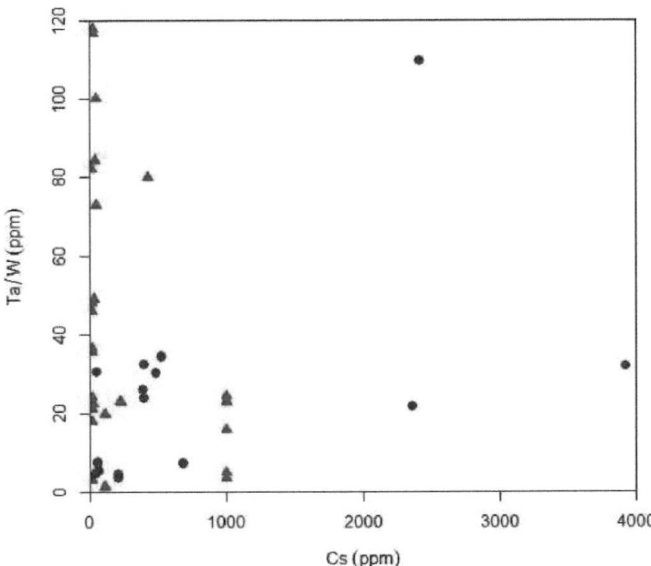

Fig. 12: Gráfico do rácio Ta/W vs Cs para os pegmatitos da área de estudo do distrito mineiro de Abuja leather. A relação Ta/W aumenta com o aumento do fracionamento dos elementos, conforme indicado pelo Cs. (Moller e Morteani, 1987).

23

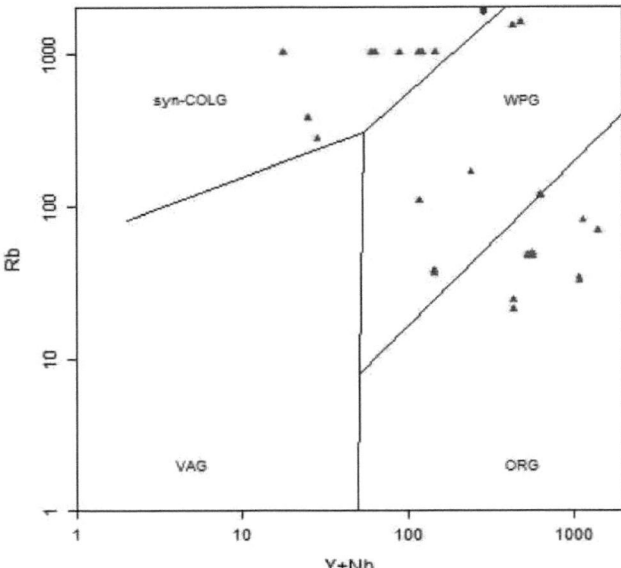

Fig. 13: 13: Diagrama discriminante Rb vs (Y+Nb) para os pegmatitos de amostras de rocha inteira do distrito mineiro de Abuja leather (segundo Pearce et al., 1984). VAG - Granito de Arco Vulcânico, ORG - Granito de Crista Oceânica, WPG - Granito Dentro da Placa, SCG - Granito Sin-colisional

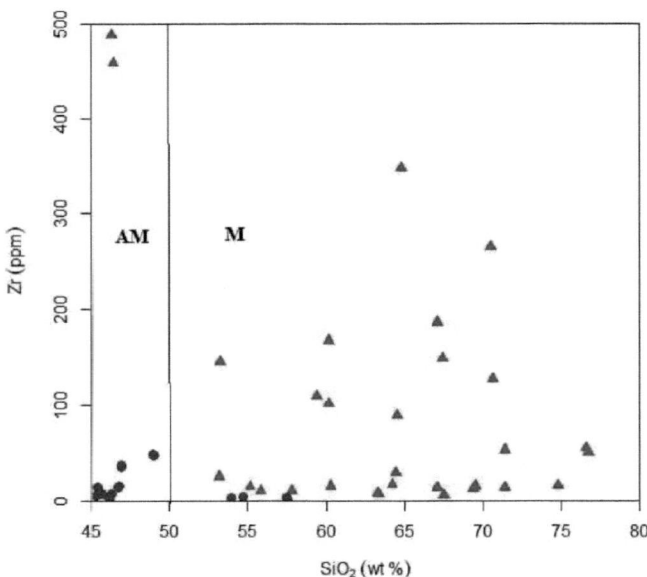

Fig. 14: Gráficos Zr-Sio2 dos pegmatitos de amostras de rocha inteira dos pegmatitos do distrito mineiro de Abuja leather

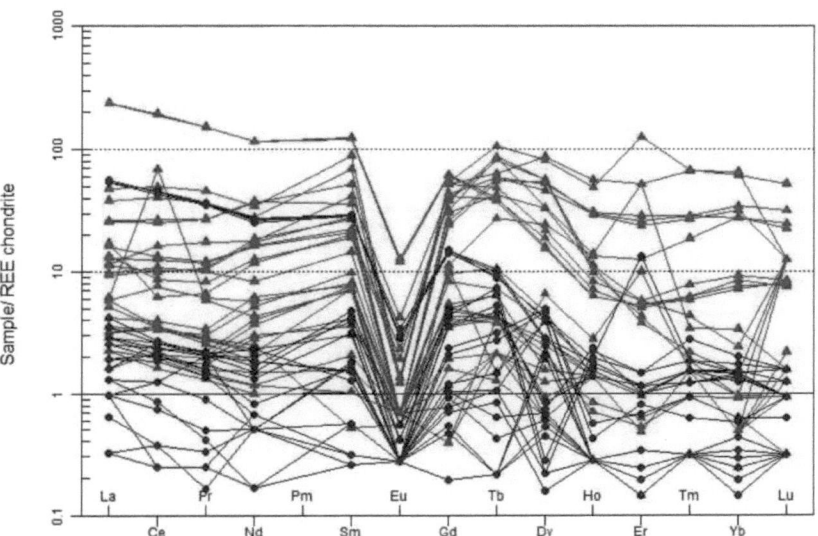

Fig. 15: Gráfico de condritos normalizados REE de pegmatitos do distrito mineiro de Abuja leather (Boyton, 1984).

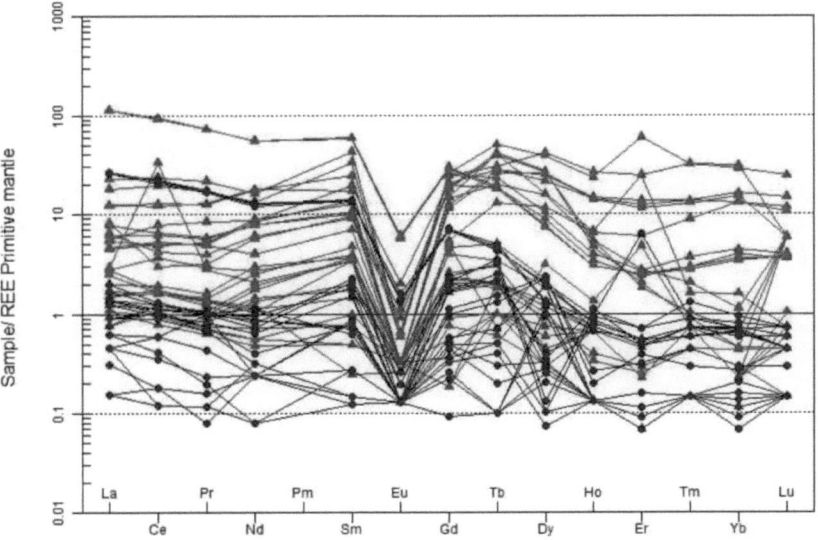

Fig. 16: Gráfico de manto primitivo normalizado REE dos pegmatitos do distrito mineiro de Abuja leather (McDonough e Sun, 1995).

CAPÍTULO 8

Estimativa de reservas e valor económico dos metais raros

Ao efetuar a estimativa da reserva destes metais raros (Tantalite, Columbite e Estanho), foi feita uma tentativa de estabelecer o padrão de mineralização. Foi feita uma clara delimitação entre os extractos de moscovite e o minério primário de rocha inteira. Um total de 50 amostras (30 amostras de pegmatitos de rocha inteira e 20 extractos de moscovite de pegmatitos do distrito mineiro de Abuja leather) foram analisadas geoquimicamente. Foram utilizados os parâmetros básicos de comprimento, largura, profundidade e fator de mineralização de grau em gm/tonelada. Para o estabelecimento das profundidades, foram utilizados métodos de campo por amostragem até 10 m em alguns casos. As amostras para análise foram obtidas de forma a representar todo o horizonte considerado. As amostras recolhidas cobriram adequadamente as áreas consideradas. Foi efectuada uma análise de verificação para verificar a correção dos valores. Foram utilizadas médias ponderadas de teores e valores de espessura para compensar a disparidade dos valores das amostras. Ao explorar as áreas de depósito, a profundidade de 3-20m onde a albitagem é predominante deve ser considerada de extrema importância. A partir da análise geológica e geoquímica, foram estabelecidas cinco zonas de prospeção designadas por sistemas de veios e cada um destes sistemas de veios tem furos que variam entre 5-23 números de furos.

CAPÍTULO 9

Trabalho de teste do processo

Foram efectuados testes laboratoriais em amostras representativas de pegmatitos eluviais (envelhecidos) e frescos para avaliar as potenciais recuperações de tantalite e columbite. Dez amostras de cada uma das amostras de rocha dura (rocha inteira) foram tratadas de forma diferente, uma amostra composta ponderada de 10 kg foi preparada pela combinação de subamostras em proporção aos pesos originais das amostras. Os pesos são apresentados na Tabela 3a, b e c. A amostra composta foi peneirada a húmido a 2,0 mm e o material sobredimensionado foi submetido a concentração gravítica por peneiramento.

O concentrado e os rejeitados foram secos, pesados e preparados para análise de Ta, NP e Sn. A fração de 2,0 mm foi ainda peneirada a 1,0, 0,25 e 0,0075 mm. A distribuição do tamanho do composto eluvial é apresentada numa tabela.

Cada fração foi tratada separadamente numa mesa de agitação de laboratório de tamanho 1/8. O concentrado recuperado foi ainda tratado num separador de laboratório mozely para produzir um concentrado gravítico mais limpo. O concentrado gravítico, tanto da mesa de agitação como do separador, foi ainda melhorado utilizando técnicas de separação magnética. Foi utilizado um íman manual para remover vestígios de magnetite e a fração não magnética foi processada com um separador de discos de laboratório Box mag para dividir as amostras em fracções de diferentes susceptibilidades magnéticas. As amostras de rocha dura foram pesadas e trituradas para passar 1,0 mm, utilizando uma combinação de trituração de mandíbulas e rolos.

As amostras que continham mica grosseira (até 30 mm) eram impossíveis de triturar e este material foi removido em cada rastreio sucessivo. Os pesos das amostras são apresentados na Tabela 5. As amostras esmagadas - 1,0 mm foram rifadas para fornecer subamostras que foram então recombinadas de acordo com as proporções de peso das rochas originais para fornecer uma amostra representativa para concentração por gravidade. Esta foi novamente peneirada a 2 50 mm e as duas gamas de tamanhos foram tratadas numa mesa de agitação de laboratório wilifey de tamanho 1 /x. Os concentrados gravíticos mais grosseiros assim obtidos foram limpos num separador de laboratório mozley e os concentrados gravíticos mais limpos foram retidos individualmente.

Os rejeitos das operações de limpeza foram adicionados aos rejeitos wilifey em cada caso. Os concentrados de limpeza por gravidade foram secos, pesados e tratados magneticamente. A magnetite foi removida utilizando um íman de nardo e a fração não magnética foi tratada no separador de laboratório de discos Boxmag, tal como as amostras eluviais. Cerca de 0,5 a 1 g de cada material de amostra foi triturado num almofariz de ágata até se tornar um pó muito fino. O pó foi fundido em bórax e carbonato de sódio. O vidro produzido a partir da fusão foi moído até se tornar um pó muito fino num moinho de bolas de carboneto de tungsténio. O pó foi então analisado para Nb_2O_5, Ta_2O_5 e Sn_2O_5 com o espetrómetro de fluorescência de raios X Phillips PW1212. A calibração e a correção dos desvios foram efectuadas por meio de padrões preparados a partir de columbite-tantalite analisada quimicamente de várias composições.

O valor económico dos pegmatóides que contêm metais raros depende em grande medida do grau de libertação de grãos discretos concentrados nesses corpos de minério. Os resultados deste estudo mostram que a recuperação de Ta2O5+ Nb2O5 até ao tamanho de -2,0 mm para concentrados de mesa para amostras de rocha inteira é de 28,3% e 33,4%, respetivamente, para um grau de concentrado combinado de 12% de Ta2O5 e 5,89% de Nb2O5, enquanto a recuperação para o concentrado escavado até + 20,mm é de 11,3% e 13,2% de 0.5% e 0,24%, grau combinado de Ta2O5 e Nb2O5, respetivamente. Há um aumento óbvio de 17% e 20,2% de recuperação do concentrado de mesa (que é uma combinação das técnicas de separação gravítica e magnética) em relação ao concentrado de escavação. O aumento é significativo e sugere a sua óbvia vantagem económica. A recuperação dos rejeitos mostra que os rejeitos de mesa de até -2,0m a ±1,0mm liberam 29,6% e 22,2% de seus constituintes Ta2O5- Nb2O5 a um grau de 0,05% e 0,0 1%, em comparação com um total de 9,2% de intervalo para Ta2O5 e 8,3% para Nb2O5 para a faixa de tamanho de 1,0mm a 0,75mm em graus combinados de 0,015% e 005% para Ta2O5 e Nb2O5, respetivamente. Os resultados retro calculados mostram que a - 2,0mm: o concentrado de mesa dá uma recuperação de 28,4% e 35,9% para Ta e Nb em graus de ensaio de 5,12% e 2,64%, respetivamente. Até 12,0 mm, há uma recuperação calculada ligeiramente maior de 32,8% e 33,6% para Ta2O5 e Nb2O5. Uma dedução significativa da discussão acima é que os tamanhos de libertação para uma recuperação óptima são de -2mm para o concentrado de mesa e +2mm para o concentrado de draga. Tamanhos inferiores caem dentro dos rejeitos e a recuperação não é encorajadora. A partir de tamanhos de -2,0mm a -2,00mm para uma combinação de métodos de peneiramento, gravidade e magnéticos, é possível uma recuperação total de 61,1% para Ta2O5 e 65,0% para Nb2O5. Isto mostra obviamente que, para um depósito como o de Oro, a recuperação do minério eluvial não só é económica, como também se compara favoravelmente com outros como Wodgna na Austrália e na China. Os resultados também sugerem que a atualização do concentrado por separação magnética produz um pouco menos de 1k/tonelada de ROM (Run On Mine) contendo 16% de Ta2O5. Os resultados para a rocha inteira (rocha fresca) mostram que os concentrados de mesa magnéticos de - 1,0 a - 0,25 mostram uma possível recuperação de 70,6% para Ta2O5 e Nb2O5, respetivamente, para um grau combinado de 31,5% Ta2O5 e 23,5% Nb2O5, respetivamente. 26,5% e 22,6% de Ta2O5- Nb2O5 são recuperados dos resíduos. Estes resultados sugerem que as recuperações são muito maiores nos pegmatitos frescos usando métodos magnéticos e gravíticos directos do que nos eluviais, onde uma combinação de panning, gravidade e magnética dá uma recuperação total de 61% para Ta2O5. Os resultados acima, embora à escala laboratorial e, portanto, ainda preliminares, mostram que os minérios de columbite-tantalite são passíveis de separação gravítica e magnética e que três quartos da tantalite estão contidos numa fração de 0,25 mm. Por conseguinte, será necessário triturar e moer o ROM até este tamanho. O simples garimpo do minério produz apenas 11% da tantalita contida. Esta é uma possível razão para as baixas recuperações registadas pelos mineiros informais.

Quadro 3a: Pesos das amostras de rocha inteira

28

Sample	Original Sample Weight (kg)	Weight used in Test (kg)
KM$_1$	7.4	2.34
KM$_2$	6.8	2.15
KM$_3$	6.0	1.90
KM$_4$	5.3	1.60
KM$_5$	6.1	1.93
KM$_6$	6.7	231
KM$_7$	5.8	1.85
KM$_8$	6.0	1.90
KM$_9$	7.4	34
KM$_{10}$	6.1	1.95

Quadro 3b: Pesos e dimensões das amostras de rocha inteira

Size mm	Weight (kg)	Weight (%)
+ 2.0	5.350	51.9
-2.0 +1.0	1.163	11.3
-1.0 + 0.25	1.426	13.8
0.25 + 0.075	1.377	13.3
-0.75	1.000	9.7
	10.316	100.0

Tabela 3c: Pesos das amostras de material de extrato de moscovite.

Sample	Weight (kg) Weight used in test	Weight of mica (kg)	%Weight of mica
KM$_1$	10.2	2.35	11.6%
KM$_2$	7.549	1.64	21.7%
KM$_3$	2.27	0.34	15.0%
KM$_4$	1.88	0.02	1.1%
KM$_5$	20.0	2.43	11.89

Tabela 4: Balanço metalúrgico para amostras de rocha inteira

Size (mm)	Product	Magnetic	Weight (g)	Weight %	Assay ppm			Distribution		
					Nb	Ta	Sn	Nb	Ta	Sn
+2.0	Panned Conc.	-	43.6	0-43	2400	5000	200	13.2	11.3	1.1
+2.0	Panned tails	-	5210.0	50.93	31	80	76	20.4	21.5	50.8
+2.0	Table cons.	1A Mags	4.5	0.04	58900	122100	6300	33.4	28.3	3.6
		Non-mags	6.3	0.06	3200	500	11600	2.5	0.2	9.3
-2.0-1.0	Table tails	-	1163.0	11.37	151	493	73	22.2	29.6	10.0
-0.5+0.075	Table tails	-	1426.0	13.94	26	67	54	4.7	4.9	9.9
-0.05	Table tails	-	1000.0	9.77	16	46	49	2.0	2.4	6.3
Total			10230.4	100.0				100.0	100.0	100.0

Quadro 5: Balanço metalúrgico da amostra de extrato de moscovite

Calculated Products	Weight (g)	Weight %	Assay ppm			distribution		
			Nb	Ta	Sn	Nb	Ta	Sn
+2.0m head	5253.64	51.35	51	121	77	33.6	32.8	51.9
-2.0m head	4976.75	48.65	106	262	75	66.4	67.2	48.1
-2.0m table concentrate	10.8	0.11	26464	51289	9386	35.9	28.4	12.9

Tabela 6: Reservas e teores de depósitos de pegmatitos de metais raros comparáveis a nível mundial

Deposit	Quantity	Grade
Bernie lake (Manitoba, Canada)	1.1 million tonnes	1 17g/t Ta20
	3.5 million tonnes	2.71% Li20
Greenbrushes (Australia)	27.0 million tonnes	298g/t Ta205
	8.4 million tonnes	4.0% Li20
	28.0 million tonnes	310g/t Nb205
Wodgina (Australia)	27.0 millioon tonnes	420g/t Ta205
Separation	3.2 million tonnes	1.41% Li20

Preissac — Lacome area (Quebec, Canada)	19.0 million tonnes	1.25% Li20
Violet, Herb Lake (Manitoba, Canada)	5.9 million tonnes	1.2% Li20
Name Creek, George Lake (Ontario, Canada)	3.9 million tonnes	1.06% Li2O
Lae de Croix (Ontario, Canada)	1.4 million tonnes	1.3% Li2O
Bikita (Zimbabwe)	1.8 million tonnes	3.0% Li20

CAPÍTULO 10
Conclusão

A área do projeto do distrito mineiro de Abuja leather mostra geralmente um potencial de comprimento de ataque muito bom e frequentemente muito largo. Com tudo isto, os graus são económicos e o terreno circundante é ainda muito prospetivo para a localização de mais corpos de dimensões semelhantes ou maiores. A localização de mais corpos dentro da região pode torná-la mais viável economicamente, porque os corpos de minério ainda são muito extensos. A amostragem indica teores bastante baixos noutros metais raros relacionados, que estão alojados nos corpos de pegmatite acima mencionados.

A partir dos dados geológicos obtidos no programa de avaliação, foi desenvolvido um modelo concetual preliminar para uma exploração mineira de tantalo-columbite na área do distrito mineiro de Abuja Leather. Com base numa taxa de produção de 300.000t/ano e um grau de 280g/t Ta2O5 durante 7 anos de vida da mina. Este valor não inclui outros créditos de óxidos de metais raros. Uma vez que parece haver probabilidade de corpos pegmatíticos adicionais, de mais de uma área pegmatítica, a exploração mineira a uma taxa de produção mais elevada tornaria este projeto mais atrativo.

Recomendações

A área que incorpora os campos de pegmatito, conforme indicado, pode sustentar uma mina de grande escala média que pode ser extraída de forma rentável por um período mínimo de 10 anos. A prospeção, o mapeamento e a amostragem contínuos aumentarão o potencial de localização de mais corpos de pegmatitos.

Referências

Ajibade, A. C. (1972). Provisional Classification and Correlation of the Schists belt Northwestern Nigeria (Classificação Provisória e Correlação da Faixa de Xistos do Noroeste da Nigéria). *Geology of Nigeria, Kogbe CA (ed.). Elizabethan Pub. Co., Lagos,* 85-90.

Ajibade, A. C., & Wright, J. B. (1989). The Togo-Benin-Nigeria shield: evidence of crustal aggregation in the Pan-African belt. *Tectonophysics,* 165(1-4), 125-129.

Akintola, A. I., Ikhane, P. R., Laniyan, T. A., Akintola, G. O., Kehinde-Phillips, O. O.

(2011) . Tendências de composição e potencial de mineralização de metais raros (Ta-Nb) de pegmatitos précambrianos na área de Kcmu, sudoeste da Nigéria. Revista Internacional de Investigação Atual Vol.4, número 02, pp. 031-039

Akintola, A. I., Ikhane, P. R., Okunlola, O. A., Akintola, G. O., Oyebolu, O. O. (2012). Características de composição dos pegmatitos pré-cambrianos da área de Ago-Iwoye, sudoeste da Nigéria. Journal of Ecology and the Natural Environment Vol. 4(3), pp.71-87

Badanina, E.V., Veksler, I.V., Thomas, R., Syritso, L.F., Trumbull, R.B., (2004). Evolução magmática de Li-F, granitos de metais raros: um estudo de caso de inclusões de fusão no complexo Khangilay, Transbaikalia Oriental (Rússia). Chemical Geology 210, pp. 113-133.

Beus, A.A. (1966). Distribuição de tântalo e nióbio em muscovites de pegmatitos graníticos. Geokhimiya, Vol.10, pp. 1216-1220.

Boynton, W. V. (1984). Em Rare Earth Element Geochemistry, ed. P. Henderson.

Breaks, F. W., Twindle, A. G e Smith, S. R. (1999). Mineralização de metais raros associada à Fronteira Subprovincial Berens River-Sachiago, Noroeste de Ontário: Descoberta de uma nova zona de tipo complexo, subtipo petalite de pegmatite e implicações para a exploração futura. Documento diverso do Ontario Geological Survey 169,33p

Cerny, P. (1989). Characteristics of pegmatite deposits of tantalum, In Moller, P., Cerny,P., and Saupe., F., (eds) Lanthanides,Tantalum and Niobium. Society for Geology Applied to Mineral Deposits, Publicação Especial 7; Springer Verlag, pp.192-236.

Cerny, P., Meintzer R.E., (1988). Granitos férteis nos campos arqueanos e proterozóicos de pegmatitos de elementos raros: ambiente crustal, geoquímica e relações petrogenéticas. Em Taylor RP, Strong DF (eds) Recent advances in the geology of granite-related mineral deposits. Volume Especial CIM 39: 170-207.

Cerny, P. (1991b). Pegmatitos graníticos de elementos raros - ambientes regionais a globais e Petrogénese. Geo-Science Canada; Vol.18, pp. 49-62.

Cerny, P. (1992). Geochemical and Structural evolution of micas in the Rozna and Dubra voda pegmatites, Czech Republic. Mineralogia e Petrologia, Vol.52, pp 4-9.

Cerny, P., & Lenton, P. G. (1995). Os depósitos de lítio Buck e Pegli, sudeste de Manitoba; o problema do fracionamento updip em folhas de pegmatitos subhorizontais. *Economic Geology,* 90(3), 658-675.

Cerny, P., Blevin, P.L., Cuney, M., e London, D., (2005). Granite-related ore deposits. Volume do 100º aniversário da Geologia Económica. 337-370.

Cerny, P., London, D., e Novak, M., (2012). Pegmatitos graníticos como reflexos de suas fontes. Elementos 8, 289-294.

Ekwueme, B. N. (1987). Orientações estruturais e episódios de deformação pré-cambrianos da área de Uwet, maciço de Oban, SE da Nigéria. *Precambrian Research, 34(3-4),* 269-289.

Elueze, A.A., Itiola, O.A., e Nton, M.E. (2004). Investigação preliminar sobre as propriedades industriais do pegmatite de Olode-Falansa, sudoeste da Nigéria. Global Jour. Geol. Sci. 2(2), 255-264.

Emeronye, B. F. (1988). Avaliação da mineralização de manganês em torno de Ikpeshi, Estado de Bendel, Nigéria. In *Resumo do seminário GS* (No. 5p).

Emofurieta, W. O. (1977). The Geochemical Study of Pegmatites around Ijero, Ikoro, Aramoko and Osu in South-Western Nigeria. *Dissertação de Mestrado, Universidade de Ife, Nigéria (não publicado).*

Eneh, K. E., Mbonu, W. C., & Ajibade, A. C. (1989). Os cinturões metassedimentares nigerianos. Factos, falácias e novas fronteiras. *Geologia pré-cambriana da Nigéria Geol.; Surv. Nigéria. 201p.*

Garba, I. (2003). Discriminação geoquímica de pegmatitos estéreis e portadores de metais raros recentemente descobertos no subsolo pan-africano (600 ± 150 Ma) do norte da Nigéria. Applied Earth Science Transaction Institute of Mining And Mettallurgy 13: Vol.112 pp. B287-B291.

Garrels, R.M. e Mackenzie, F.T. (1971). Evolution of Igneous and Sedimentary Rocks (Evolução das Rochas Ígneas e Sedimentares). W.W.

Norton and Company, Inc. Nova Iorque, N.Y. 394p.

Gaupp, R., Moller, P e Morteani, G. (1984). Geologia, Petrologia e Geoquímica dos Pegmatitos de Tântalo de untersuchungen. Série de monografias, Min. Depósito 23, 124p. Borntraeger Berlin Stuttgart.

Gordiyenko, V.V. (1971). Concentração de Li, Rb e Cs em feldspato potássico e moscovite como critérios para avaliar a mineralizaçãc de metais raros em pegmatitos de granito. Int. Geology Rev. Vol.13, 134-142.

Jacobson, R.R.E. e Webbs, J.S. (1946). The Pegmatite of Central Nigeria. Geol. Surv. Nig. Bull, 17, 40-61.

Jones H. A., Hockey R. D. (1964). A geologia de parte do sudoeste da Nigéria. Geol Surv Niger Bull 31:101 pp.

Kennedy, WQ, **(1964),** A diferenciação estrutural de África no episódio tectónico pan-africano (± 500 my): Instituto de Investigação de **Geologia** Africana da Universidade de Leeds 8º Relatório Anual de Resultados Científicos

Kinnaird, J. A. (1984). Estilos contrastantes de mineralização de Sn-Nb-Ta-Zn na Nigéria. Journal of African Earth Sciences, Vol. 2. No 2. pp. 81-90

Kuster, D. (1990). Pegmatitos de metais raros de Wamba, Nigéria central, sua formação em relação aos granitos pan-africanos tardios. Mineral Deposita; Vol.25, pp. 25-28.

Linnen, R. L. e Cuney, M. (2005). Depósitos de elementos raros relacionados com granito e limitações experimentais na mineralização de Ta - Nb - Nb - W - Sn - Zr - Hf. In: Linnen, R. L., Samson, I. M. (Eds). Rare - Element Geochemistry and Mineral Deposits. Notas de curso curto da Associação Geológica do Canadá, Vol. 17, pp. 45 - 68.

London, D., Morgan, G. B., & Hervig, R. L. (1989). Experiências de vapor sub-saturado com vidro Macusani + H 2 O a 200 MPa, e a diferenciação interna de pegmatitos graníticos. *Contribuições para Mineralogia e Petrologia,* 102(1), 1-17.

Matheis G., Caen-Vachette M. (1983). Estudo isotópico Rb-Sr de pegmatitos estéreis e portadores de metais raros na zona de reativação pan-africana da Nigéria. J Afr Earth Sci 1: 35 -440

Matheis, G. (1979). Exploração geoquímica em torno da mineralização de pegmatitos Sn-Nb-Ta do SW da Nigéria Geol. Soc. Malaysia Bull. 333-335

McCurry P. (1976). The geology of the Precambrian to Lower Palaeozoic Rocks of Northern Nigeria - A Review. In: Kogbe CA (ed) Geology of Nigeria. Elizabethan Publishers, Lagos, pp15- 39.

McDonough, W. F., & Sun, S. S. (1995). The composition of the Earth. *Chemical geology, 120(3* 4), 223-253.

Moller, P e Morteani, G. (1987). Geochemical exploration guide for Tantalum pegmatites. Geologia Económica, Vol.42, pp. 1885-1897.

Okunlola, O. A., e Ocan, O. O. (2002). O impacto ambiental esperado e os estudos de mitigação da extração organizada de pegmatitos de metais raros (Ta-Sn-Nb) na zona de Keffi. Centro-Norte da Nigéria. J.Env. Ext. 3; 64-68

Okunlola, O.A e Oyedckun, M.O. (2009). Tendências de composição e potencial de mineralização de metais raros (Ta-Nb) de pegmatitos e litologias de associação da área de Igbeti, sudoeste da Nigéria. Jour. RMZ-Materials and Geoenvironment, Vol.56, No.1, pp. 38-53.

Okunlola, O.A. e King, P.A. (2003). Trabalho de teste de processo para a recuperação de concentrados de tantalite-columbite de pegmatitos de metais raros da área de Nasarawa, Nigéria central. Global Jour.

Geological Sci, 1 (1) pp. 85-103.

Oyawoye M. O, (1964). The Geology of the Nigerian Basement Complex. Journal of Nigerian Mining and Geology and Metallurgical Society. Vol 1. pp 108 - 117.

Oyawoye M. O. (1972). O complexo basal da Nigéria. Em: Dessauvagie TFJ, Whiteman AJ (eds) African geology. Imprensa da Universidade de Ibadan, pp 66-102

Pearce, J.A. Harris, N.B.W. e Tindle, A.G. (1984). Diagramas discriminantes de elementos vestigiais para a interpretação tectónica de rochas graníticas. Jour.Petrol. Vol.25, pp. 956-983

Piper, D.Z. (1974). Elementos de terras raras no ciclo sedimentar: Um resumo. Chem.Geol. Vol.14, pp. 285-304.

Pollards, C., (1989). Potencial geoquímico da mineralização de tântalo. Actas do workshop de Berlim sobre Lantanídeos, Tântalo e Nióbio. Moller, P., Cerny, P., Sample, F., (Eds) Society of mineral explorationist. Pp 67-98 pp 15-39.

Rahaman. M. A., & Ocan, O. (1992). Geologia pré-cambriana da Nigéria. *Actas da travessia de terrenos de alto grau Benim-Nigéria, programa e série de conferências s,* 150-200.

Reyf, F.G., Seltmann, R. e Zaraisky, G.P., (2000). O papel dos processos magmáticos na formação de granitos bandados enriquecidos com Li e F do depósito de tântalo de Orlovka, Transbaikalia, Rússia: Evidências microtermométricas. Canadian Mineralogist 38, pp. 915-936.

Salvi S., Williams - Jones A. E. (2005). Depósitos alcalinos de granito - sienito. In: Linnen RL., Samson IM (eds). Rare - Element Geochemistry and Mineral Deposits. Geological Association of Canada Short Course Notes 17, pp. 315 -341.

Schmitt, A. K., Trumbull, R.B., Dulski, P., e Emmermann, R., (2002). Mineralização de Zr-Nb-REE em granitos peralcalinos do complexo Amis, Brandberg (Namíbia): evidência de pré-enriquecimento magmático a partir de inclusões de fusão. Geologia Económica 97, pp. 399^13.

Staurov, O.D., Stolyarov, L.S. e Isochewa, E.I. (1969). Geochemistry and Origin of Verkh Iset Granitoid massif in central Ural. Geochem. Intern. Vol.6, pp. 1138-1146.

Wright J. B. (1970). Controlos da mineralização nos campos de estanho Older e Younger da Nigéria. Econ Geol 65:945-951.

ÍNDICE DE CONTEÚDOS:

CAPÍTULO 1   3

CAPÍTULO 2   5

CAPÍTULO 3   6

CAPÍTULO 4   7

CAPÍTULO 5   8

CAPÍTULO 6   15

CAPÍTULO 7   17

CAPÍTULO 8   26

CAPÍTULO 9   27

CAPÍTULO 10   32